DELIUS KLASING

JOCHEN DONNER
DANIEL SIMON

EMTB

REPARATUREN UNTERWEGS

DELIUS KLASING VERLAG

FEDERGABEL, DÄMPFER, COCKPIT UND SATTEL

ZUBEHÖR, MENSCH UND WETTER

Nie mehr auf der Strecke bleiben! Diesen Wunsch kennt jeder Biker, dem eine Panne unterwegs schon einmal die Tour verhagelt hat - der Pannenteufel steckt eben immer und überall! Mit gut gepflegter und sorgfältig gewarteter Technik kann man das Pannenrisiko selbst am EMTB vorab deutlich minimieren: Saubere und frisch geschmierte Kette, die kritische Durchsicht von Antrieb und Bremsen, rechtzeitig getauschte Verschleißteile sowie nachzentrierte Laufräder vor jeder größeren Tour sind schon einmal eine gute Basis.

Dennoch geschieht es immer dann, wenn man es am wenigsten gebrauchen kann: Plötzlich versagt die Technik, die Räder stehen still. Und das Tourenziel liegt noch in weiter Ferne.

Für die häufigsten Pannen am EMTB haben wir schnelle, zielführende Reparaturmöglichkeiten aus der Praxis erarbeitet. Auch mit den beschränkten Bordmitteln, die man als Biker unterwegs nur hat, kann man sich oft selbst helfen. Zumindest soweit, dass man bis zum nächsten Ort, dem nächsten Bike-Shop, zum Auto oder Bahnhof zurückfahren kann. Vieles sind reine Notreparaturen, die einen Defekt nicht endgültig beheben. Denn dafür benötigt man in den meisten Fällen professionelles Werkzeug und vor allem die nötigen Ersatzteile. Unsere Lösungsvorschläge sind also nie endgültige Schadensbehebung. Als temporäre Notmaßnahme ermöglichen sie jedoch die eingeschränkte Weiterfahrt - unter allergrößter Vorsicht und Behutsamkeit und ausschließlich auf eigene Gefahr.

Die Idee dahinter ist: Alles ist besser, als jetzt schieben zu müssen. Ungewöhnliche Umstände erfordern manchmal außergewöhnliche Lösungen.

Elektrik und Elektronik machen speziell das E-Mountainbike zu einem Fahrzeug mit hochkomplexer Technik. Die E-Komponenten sind eine hermetisch abgeschirmte Black Box, woran der Biker unterwegs, ohne Werkzeuge oder Diagnosegerät, rein gar nichts reparieren kann. Schäden an Motor oder Elektronik können ausschließlich in der Werkstatt vom technisch geschulten Fachmann behoben werden. Doch auch dafür gibt es eine ganze Reihe von Tricks und Tipps, mit deren Hilfe man weiterkommen kann ...

Alle Reparaturschritte haben wir der besseren Klarheit zuliebe im Fotostudio fotografiert. In Bild und Text zeigen wir stellvertretend, worauf es im Einzelnen ankommt und wie man sein E-Mountainbike wieder ins Rollen bringt. Ein wenig handwerkliches Geschick und grundsätzliches Verständnis für Fahrradtechnik sollte der Leser mitbringen. Über die perfekte Ausstattung mit dem optimalen Werkzeug und hilfreichen Ersatzteilen finden Sie hier ebenso fundierte Informationen wie darüber, was man bei plötzlichem Wetterumschwung, Schmerzen auf dem Bike oder Schäden an der Touren-Ausrüstung tun kann.

Kommen Sie mithilfe dieses kompakten Ratgebers bei Ihren Touren immer gut, sicher und mit Spaß ans Ziel!

Jochen Donner

Daniel Simon

Die Autoren haben zusammen bereits mehrere Fahrradreparatur-Bücher veröffentlicht und arbeiten langjährig als Fachjournalisten für Fahrrad-Magazine wie MYBIKE, EMTB, BIKE und TOUR. Dass sie auch ihre Freizeit meist auf zwei Rädern verbringen, ist keine Überraschung.

Auf Tagestour nur das Nötigste

Auf jeder EMTB-Ausfahrt, sei sie noch so kurz, gehören folgende Dinge in den Touren-Rucksack:

- Multi-Tool mit Kettennieter
- Schlauch mit passendem Ventil
- Flickzeug
- 2 Reifenheber aus Kunststoff
- Minipumpe
- Kettenschloss
- Ladegerät und/oder Zweit-Akku
- Akku-Schlüssel

Wichtig: Stimmen Sie das Multi-Tool genau auf Ihr Bike ab:
Inbus-, Torx- oder Speichenschlüssel am Tool müssen in Größe, Länge und Form zu den Komponenten Ihres EMTB passen.

Sparen Sie beim Tool weder an Preis noch Gewicht: Es lohnt sich, hier auf Werkzeugqualität und -vielfalt zu achten. Das Topeak Mini 20 lässt sich z. B. bequem mit dem Ninja-Halter direkt unter dem Flaschenhalter am Rahmen befestigen.

Zusätzliche Ausrüstung für Mehrtagestouren

Auf längere Strecken, auch abseits der Zivilisation, sollten Sie sich entsprechend aufwendiger vorbereiten. Auf jeden Fall muss das Bike vorher perfekt und frisch gewartet und gepflegt sein. So können Sie das Risiko einer Panne am wirkungsvollsten minimieren.

- Multifunktions-Tool (mit Zange und Messer)
- Dämpferpumpe
- Kettenöl
- Kabelbinder (verschiedene Längen)
- Sicherheitsnadeln
- Gewebe-Klebeband
- PVC-Klebeband
- Speichenschlüssel
- Lüsterklemmen
- Microfasertuch
- Einmalhandschuhe
- Tip-Top Handreinigungspaste

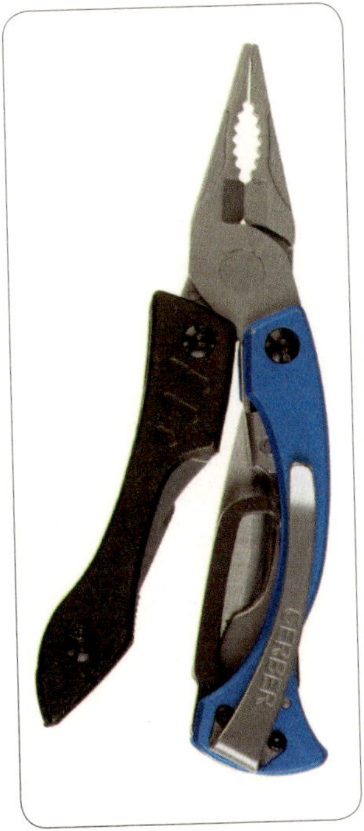

Abseits der Zivilisation:

- Ersatzspeichen und Nippel
- 2 Satz Bremsbeläge
- Schaltzug
- Nähnadel mit Zwirn
- Schlauchschellen
- Wechsel-Schaltauge (vom Bike-Hersteller besorgen)

Clevere Teile

Jede Panne unterwegs nervt. Vieles lässt sich schnell beheben, sodass die Fahrt weitergehen kann. Manche Defekte sind jedoch nur mit größerem Aufwand, Werkzeug und Geschick reparabel - und mit den richtigen Hilfsmitteln! Wer diese cleveren Helferlein für die häufigsten Defekte am EMTB dabei hat, spart sich im Schadensfall Zeit und Aufwand. Und kommt schneller wieder in die Gänge!

Reparatur-Nietstifte für die Kette

Sie verschließen Shimanos 8-, 9-, 10- und 11-fach Ketten. Der Teil unterhalb der Taille ist jeweils der eigentliche Nietstift, der obere ein Einführstift. Diesen Überstand bricht man nach dem Einpressen auf der Rückseite der Ketten ab.

Kettenschloss

Alle Ketten lassen sich jedoch - zumindest notfalls - auch mit einem Kettenschloss verschließen. Es gibt jeweils passende Schlösser für 8-, 9-, 10-, 11- und 12-fach-Ketten. Dabei passen SRAM- oder KMC-Schlösser z. B. auch an Shimano-Ketten.

Kontaktspray

Verschmutzte oder korrodierte Elektrokontakte sind häufig die Ursache für Störungen im elektrischen Bordnetz. Kontaktspray (in handlicher Dose von 100 ml) beseitigt Oxidation, unterwandert Feuchtigkeit und schützt alle Kontaktstellen.

Minipumpe mit Manometer

Diese universelle Minipumpe bietet einen Druckmesser und zwei Betriebsarten für schnelles Füllvolumen oder hohen Druck. Ein T-Griff ermöglicht schnelle und ergonomische Bedienung. Ihr Pumpenkopf passt auf alle Ventilarten.

Dämpferpumpe

Luftgefederte Gabeln und Dämpfer benötigen eine Hochdruck-Pumpe. Die sollte ein abschaltbares Venil haben, um das Fahrwerk bei montierter Pumpe testen zu können. Der dabei entstehende Rückschlag bei geöffnetem Ventil zerstört die Pumpe.

Realistisch abwägen: Wogegen soll und kann ich mich wappnen?
Schäden unterwegs treten nie aus heiterem Himmel auf. Vernachlässigte Wartung und Verschleiß, übersehene Vorschäden oder ein plötzlicher Sturz sind hier die häufigsten Schadensursachen. Die Technik ist heute an hochwertigen EMTBs weitgehend ausgereift und hochgradig ausfallsicher. Doch insbesondere auf langen, auch mehrtägigen Touren verschafft die Mitnahme überlegt ausgewählter Hilfsmittel für eine Notreparatur immer ein gutes Gefühl.
Umso besser, wenn man seine Nothelfer unbenutzt wieder nach Hause bringt!

Dose für Kleinteile
Eine Kaugummi- oder Filmdose beherbergt Kleinteile wie Speichennippel, Schrauben oder Bremsbeläge. Auf ihrer Außenseite können Sie einige Meter Klebeband griffbereit aufwickeln.

Notrettung für die Federung
Entweicht sämtliche Luft aus einem Federelement, sackt das Bike ein. Vorsichtige nehmen zwei Schlauchschellen (Baumarkt) und ein Stück Schlauch mit. Damit können Sie eine defekte Federgabel, Dämpfer oder Vario-Stütze notfalls fahrbar fixieren.

Lüsterklemmen
Schraub-Klemmen können bei einem Kabelriss sogar dünne Koaxial-Kabel der Bordelektrik wieder verbinden. Nicht immer funktioniert das, einen Versuch ist es im Notfall aber wert. Abisoliert flickt die Klemme auch einen gerissenen Schaltzug.

Kabelbinder mehrfach benutzen
Ein Kabelbinder lässt sich wieder öffnen und sogar mehrfach wiederverwenden, wenn man mit einer spitzen Klinge die kleine Nase im Ratschengehäuse anhebt.

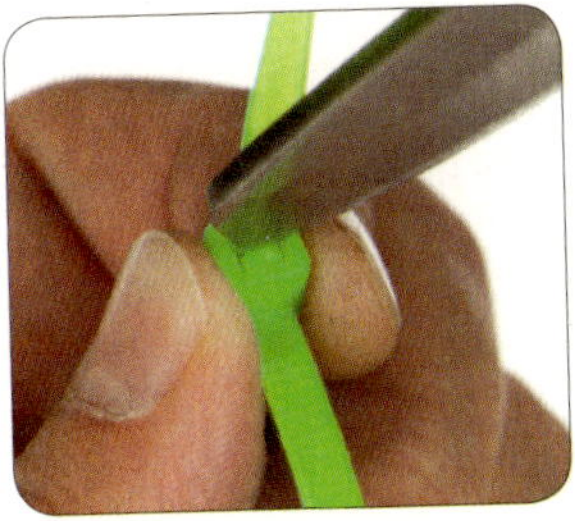

Händewaschen ohne Wasser
Nach einer Reparatur hat man immer schmutzige Finger. Die Clean-Up-Paste von Tip Top befreit die Finger unterwegs auch völlig ohne Wasser von Fett, Öl und Schmutz. Die kleine Tube passt in jedes Werkzeugtäschchen.

Rad auf den Kopf stellen
Für eine Reparatur unterwegs stellen Sie Ihr Bike am besten kopfüber auf Sattel und Lenker ab. Nutzen Sie eine möglichst ebene, stabile und saubere Fläche. Drehen Sie zuvor Lockout-Hebel, Bedien-Tasten, Display oder GPS-Halterung am Lenker zur Seite.

Lenker unterlegen
Radhandschuhe oder zur Not eine Plastiktüte oder Zeitung unter dem Lenker verhindern, dass Lenker, Display oder Griffe bei Bodenkontakt verschmutzen und zerkratzen.

Hände schützen
Packen Sie ein Paar Einweghandschuhe aus dem Drogeriemarkt zum Tourenwerkzeug. Legen Sie die Handschuhe immer an, wenn Sie an Kette, Ritzel oder Schaltung arbeiten müssen.

So drehen Sie Ihr EMTB um

Stellen Sie sich neben Ihr Bike. Beugen Sie sich über das Oberrohr und greifen Sie von außen an der Mitte von Gabelholm und Sitzstrebe zu.

Die Schwerkraft nutzen

Beim Anheben rotiert das Bike fast von allein um seine Längsachse. So behalten Sie das Gewicht nahe am Schwerpunkt sicher und rückenschonend im Griff. Auch das Zurückdrehen funktioniert so am besten.

BOSCH
HYBRID
REACTION

Motorausfall auf freier Strecke

Das Antriebssystem moderner EMTBs ist hochgradig komplex: Eng aufeinander abgestimmt und elektronisch permanent überwacht, dosieren Sensoren, Messelemente und Software die Kraft aus dem Akku: Die Drehzahl der Kurbel wird teils hundert Mal pro Sekunde gemessen, Dehnmessstreifen lesen aus der Biegung der Kurbelwelle die eingebrachte Tretkraft des Fahrers ab, Sensoren protokollieren jede Radumdrehung. Selbst die Betriebstemperatur des Motors oder die Außentemperatur werden stetig kontrolliert.

Tritt an der Mess- und Regelelektronik ein Schaden auf, kann der Elektro-Biker daran rein gar nichts selbst reparieren. Die gute Nachricht ist: Trotzdem wird das EMTB dadurch nicht immobil. Außer bei kapitalen Schäden (z. B. am Getriebe eines Mittelmotors) lässt sich jedes EMTB auch ohne Motorkraft problemlos weiter fahren. Die gute alte, mechanische Fahrradtechnik sorgt - nur etwas kräftezehrender - für ein zuverlässiges Weiterkommen.

Bleiben Sie bei einem Systemausfall unterwegs also cool, und gehen Sie zunächst systematisch die möglichen Fehlerquellen einzeln durch.

System eingeschaltet?

Eine häufige Ursache für einen Systemausfall lautet tatsächlich: Startknopf versehentlich berührt und dabei das System ausgeschaltet. Einige Systeme verfügen über mehrere An-/Aus-Schaltmöglichkeiten: Am Display, am Bedien-Satelliten oder am Akku.

Akkukontrolle
Nur wenn der Akku exakt in seiner Halterung sitzt und fest eingerastet ist, kann ungehindert Strom fließen. Überprüfen Sie die Passung des Akkus und die Kontaktzungen, lösen Sie die Verriegelung und lassen Sie den Batteriepack kontrolliert neu einrasten.

Magnetsensor ausrichten
Jedes E-Bike verfügt über einen Bewegungssensor am Laufrad. Fehlt, verrutscht oder verdreht sich der Speichen-Magnet, arbeitet der Motor nicht mehr. Der Magnet soll mit etwa 5 bis 15 mm Abstand senkrecht am Sensor vorbeidrehen.

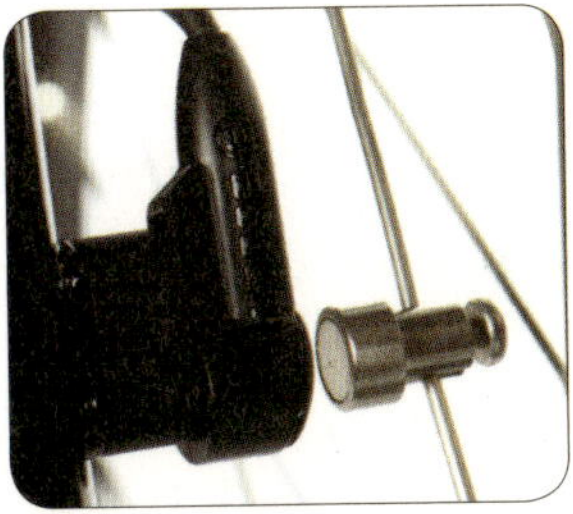

Kontakte reinigen

An verschmutzten, fettigen oder korrodierten Kontakten fließt kein Strom. Sprühen Sie etwas Kontaktspray auf einen Lappen und reiben Sie sämtliche Kontaktstellen ab. Vertiefte Akku-Kontakte erreichen Sie gut mit Wattestäbchen.

Fehlercodes dechiffrieren

Viele Antriebssysteme geben bei Störungen einen numerischen Fehler-Code am Display oder eine Blink-Folge an der Akku-LED aus. Lesen Sie in der Bedienungsanleitung nach, was Sie dann tun können. Fotografieren Sie die Codes mit Ihrem Smartphone.

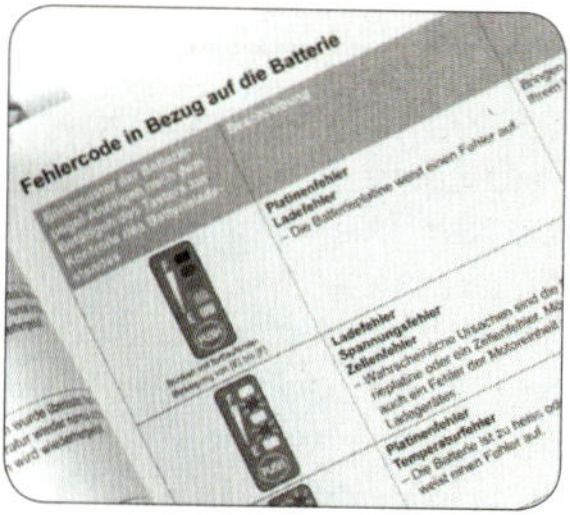

Motor überhitzt

Lange Bergauf-Strecken, hohe Zuladung bei starker Sonneneinstrahlung lassen eingehauste Motoren schnell heiß laufen. Ein interner Temperatursensor schaltet dann ab, bevor Schäden entstehen. Lassen Sie den Motor möglichst im Schatten abkühlen.

Neustart

Schalten Sie alle Antriebselemente vollkommen ab, trennen Sie sämtliche Kontakte wie Display, Akku und Kabelstecker voneinander. Warten Sie etwa 3 Minuten ab und verbinden Sie die Komponenten neu. Starten Sie dann das System erneut.

Akku befestigen

Schließt die Akkuverriegelung nicht mehr zuverlässig oder ist das Schloss blockiert, fixieren Sie den Akku mit Klebeband oder Kabelbindern so in seiner Rahmenaufnahme, dass das System unterbrechungsfrei mit Strom versorgt wird.

Display befestigen

Bricht ein Display aus der Lenker-Halterung, steht das gesamt System still. Mit Klebeband lässt sich der Monitor so straff fixieren, dass der Stromkontakt wieder hergestellt ist.

Stecker locker oder verschmutzt
Wenn Steckkontakte verschmutzen, korrodieren oder sich lockern, kann das den Stromfluss völlig unterbrechen. Öffnen Sie sämtliche Stecker, wischen Sie Feuchtigkeit ab, blasen Sie Schmutz und Partikel aus, geben Sie etwas Kontaktspray darauf.

Shimano E-Tube-Tool TL-EW02
Shimano verbindet Motor, Display, Bedientasten und Akku des Steps-Systems mit »E-Tube«-Kabeln. Deren Stecker sitzen sehr fest, um völlig wasser- und staubdicht zu sein. Nur mit dem Tool lassen sich die Stecker knickfrei in ihren Ports montieren.

E-Tube-Stecker checken
Die Hülsenstecker sitzen an Display- oder Motor-Port erst nach einem deutlich hör- und fühlbaren Rastvorgang korrekt. Drücken Sie die Stecker mithilfe des Tools genau senkrecht in den Port. Ein einzelner, loser Stecker kann das gesamte System lahmlegen.

Problemfall Kabelriss

Reißt bei einem Sturz eins der Systemkabel, bedeutet das meist den Total-Ausfall des Antriebs. Bevor Sie deshalb jedoch weit entfernt von der Zivilisation auf der Strecke liegenbleiben, sollten Sie ausprobieren, ob das notdürftige Flicken des Kabels mit Lüsterklemmen weiterhilft: Das kann, muss aber nicht funktionieren. Es hängt von jedem einzelnen Hersteller ab, welche Art Kabel er verwendet: Das können zwei- oder vieladrige Litzen, Koaxial- oder Parallel-Adern sein. Oft pulsiert eine immense Anzahl an Einzelsignalen per BUS-System zwischen Display, Motor und Steuerungseinheit hin und her - dann kann es sein, dass das schlichte Wieder-Verbinden der unterbrochenen Leiter nicht genügt. Das Kabel muss in der Fachwerkstatt ersetzt, oft auch die Software neu aufgespielt werden. Kleben Sie deshalb vorbeugend lose Kabel am gesamten Bike ab. Damit können Sie das Risiko »Kabel-Riss« zumindest stark minimieren.

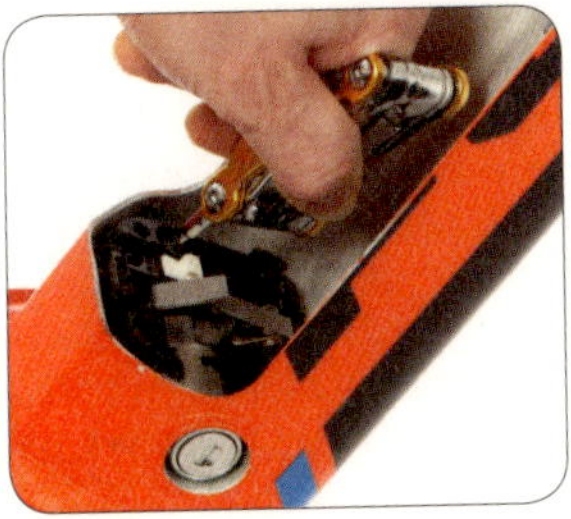

Akkuhalterung lose

Interne wie externe Akku-Halterungen werden am Rahmen verschraubt. Lockern sich diese Schrauben, kann das zu einem Wackelkontakt am Akku führen. Prüfen Sie die Schrauben jeder Halterung und ziehen Sie lose Schrauben gut nach.

Kontakte abtrocknen
Falls durch Platzregen oder Spritzwasser Nässe in die Akkuhalterung dringt, trocknen Sie die Stelle innen wie außen schnellstmöglich und sorgfältig ab. Dazu eignet sich optimal ein saugfähiges Microfasertuch aus dem Drogeriemarkt.

Kontaktspray
Geben Sie danach einen kurzen Stoß Kontaktspray oder Ballistol auf alle Metallkontakte. Das Mittel verdrängt Feuchtigkeit und verhindert so spätere Korrosionsschäden. Zu viel Kontaktspray kann jedoch Kupfer und Kunststoff angreifen!

Stecker reinigen
Achten Sie nach einer Schlammfahrt oder einem Sturz darauf, dass weder Schmutz noch Wasser an oder gar in die Verbindungsstecker geraten ist. Blasen Sie Stecker innen aus und tupfen Sie die Kontakte sauber.

Die Reichweite wird knapp

Auf Touren, die etwa zwei Dritteln der Reichweite einer Akkuladung entsprechen, sollten Sie das Ladegerät oder einen geladenen Zweit-Akku im Gepäck dabeihaben. Nutzen Sie jede Gelegenheit dazu, den Akku unterwegs nachzuladen. So sind Sie auch gegen ungeplante Umwege, etwa durch falsches Abbiegen, gefeit. Stellen Sie unterwegs fest, dass die Akku-Ladung für die restliche Strecke knapp wird, helfen diese Maßnahmen, wertvollen Strom zu sparen:

- Motor ausschalten, so oft es geht.
- Auf geringstmöglicher Unterstützungsstufe fahren.
- Betont gleichmäßig treten.
- Stets einen Gang leichter als gewohnt einlegen.
- Mit hoher Kadenz pedalieren.
- Vorausschauend fahren, wenig bremsen, Schwung nutzen.

Motorleistung im Auge behalten

Ein Balkendiagramm zeigt an vielen Displays, wie stark der Motor momentan unterstützt. Hohe, eigene Tretleistung spart viel Strom.

System ausschalten

Vertrauen Sie der Reichweiten-Anzeige nicht blind: Schon Gegenwind kann deren Berechnung völlig umwerfen. Schalten Sie ab, so oft es geht.

Die elektrische Kettenschaltung
Als Option bietet Shimano die rein elektrisch betriebene Di2-Schaltung für Rennrad und MTB. Gerade am EMTB mit sowieso vorhandener Bordelektrik ist die Di2 eine sinnvolle Ergänzung. Die Technik ist rennerprobt und arbeitet solide und zuverlässig. Der lästige Verschleiß von Schaltzügen und daraus resultierendes Nachjustieren entfällt. In der Praxis sollte man sich jedoch mit den Eigenheiten der Di2 vertraut machen, da sie unterwegs auch durchaus ihre Tücken haben kann.

Schaltwerks-Reset

Ein Di2-Schaltwerk klinkt beim Sturz zur Schadensvermeidung aus und schaltet dann nicht mehr. Der Reset funktioniert über das Display: Ein langer Druck auf die Systemtaste ruft das Menü auf. Starten Sie den »Schaltwerk-Reset« mit den Bedientasten.

Crash-Modus

Beim Reset kuppelt das Schaltwerk wieder ein und justiert sich neu. Der Stellmotor bewegt es zum inneren, danach zum äußeren Anschlag. Kurbeln Sie eine Umdrehung von Hand, damit sich das Schaltwerk frei über alle Ritzel bewegen kann.

Schaltwerk nachstellen

Auch am elektrischen Schaltwerk regelt die L-Schraube den inneren Anschlag, die H-Schraube den äußeren. Justieren Sie die Schrauben so, dass das obere Schaltröllchen exakt unter dem größten oder kleinsten Ritzel steht und die Kette dort nicht rasselt.

E-Tube: Stecker abziehen

Das Shimano-Tool TL-EW02 hat an einem Ende eine gabelförmige Aufnahme: Die erlaubt das Abhebeln der E-Tube-Stecker, ohne Kontakte oder Dichtungen zu beschädigen. Achtung: Nie am Kabel ziehen, Stecker nicht knicken oder biegen.

E-Tube: Stecker anbringen

Das hülsenförmige Ende des Tools stellt sicher, dass sich die Stecker mit Kraft und ohne Verkanten satt in ihre Passung drücken lassen. Sie sind nur dann zuverlässig dicht, wenn sie mit einem fühlbaren Klick absolut senkrecht und wackelfrei im Port sitzen.

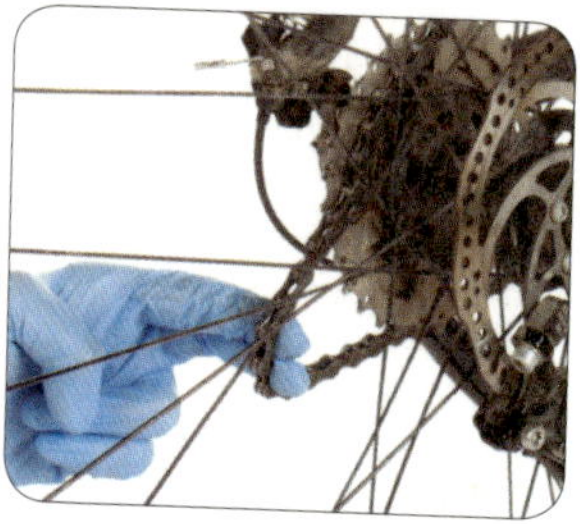

Kette am Hinterrad abgefallen
Bei verstelltem Anschlag des Schaltwerks kann die Kette zwischen größtes Ritzel und Speichen fallen. Hören Sie dann sofort auf zu treten! Ziehen Sie die Kette von Hand nach hinten aus der Klemme und legen Sie sie von Hand kurbelnd wieder auf.

Speichen pressen
Steckt die Kette fest, legen Sie das Bike auf die Seite. Treten Sie gefühlvoll auf die Speichenkreuzungen um die Klemmstelle. Dies entlastet die Speichen, während Sie die Kette Stück für Stück von Hand aus der Klemme herausarbeiten.

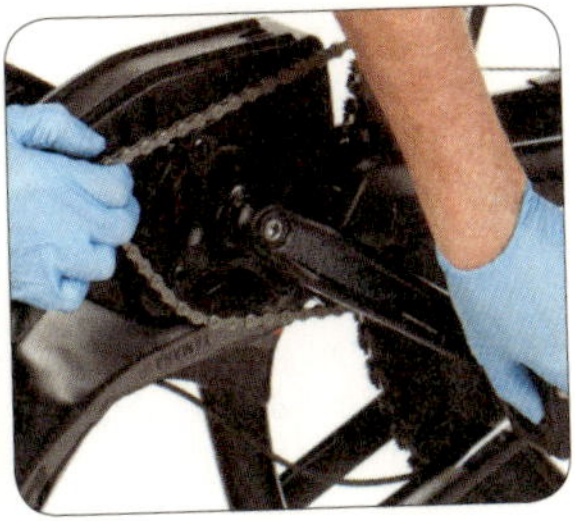

Kette an der Kurbel auflegen

Bei stark holperiger Strecke kann die Kette an der Kurbel vom Kettenblatt fallen. Stellen Sie das Bike auf dem Kopf und ziehen Sie die Kette am unteren Trumm vom Schaltwerk her weg, um sie wieder aufs Kettenblatt zu legen.

Kettenglied blockiert

Rost in der Kette oder eine verbogene Lasche können einzelne Glieder blockieren. Beim Fahren springt die Kette, es lässt sich nicht mehr sauber schalten. Die blockierte Stelle finden Sie am besten durch Rückwärtskurbeln an den Schaltröllchen.

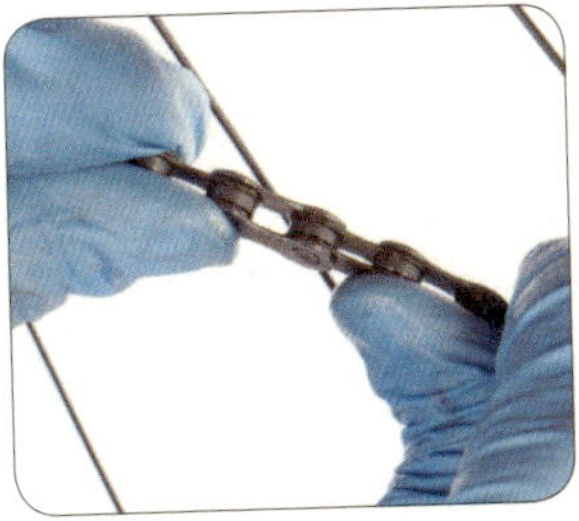

Halten Sie die Stelle mit beiden Händen links und rechts der Blockade. Biegen Sie die Glieder horizontal hin und her, bis sie wieder gängig sind. Auch ein Tropfen Öl hilft. Falls Sie mit Zange arbeiten: Klemmen Sie einen Lappen dazwischen, um die Kettenlaschen nicht zu beschädigen.

Abgebrochenes Schaltwerk

Bricht das Schaltwerk ab, geschieht dies meist direkt am Wechselschaltauge: Dort ist eine Sollbruchstelle, um Rahmenschäden zu vermeiden. Reparieren lässt sich dies nur mit einem passenden Ersatz-Schaltauge.

Im Ein-Gang-Betrieb weiterfahren

Ohne Ersatz-Schaltauge kommt nur der Ein-Gang-Notbetrieb in Frage. Öffnen Sie die Kette, demontieren Sie Schaltwerk und -zug komplett. Kürzen Sie nun die Kette und vernieten Sie sie so, dass sie auf einer möglichst universellen Übersetzung liegt: Besser etwas schwergängiger als zu leicht abgestimmt. Die Kette darf zudem nicht zu schräg laufen. Vorsichtig und gefühlvoll pedalieren! Das funktioniert nur am ungefederten Hardtail zufriedenstellend. Beim Fully aktivieren Sie den Dämpfer-Lockout und können dann nur vorsichtig testen, ob Ihre Hinterbau-Kinematik mit der fixen Kettenlänge zurechtkommt.

Schaltauge verbogen

Springt die Kette trotz sauberer Justage, ist meist das Schaltauge verbogen. Setzen Sie das Tool als Hebel in die Befestigungsschraube und richten Sie das Schaltwerk behutsam wieder senkrecht aus. Vorsicht: Alu ist spröde und bricht sehr leicht!

Schaltauge ersetzen

Lösen Sie zuerst das Schaltwerk vom Bruchstück, dann das restliche Schaltauge vom Rahmen. Bei manchen Konstruktionen müssen Sie eine Gewindehülse innen gegenhalten. Montieren Sie das Ersatzauge am Rahmen, dann das Schaltwerk.

Ritzelpaket dreht leer

Brechen die Sperrklinken im Freilauf, fädeln Sie mehrere Kabelbinder zwischen die Aussparungen des größten Ritzels und die Speichenkreuzungen. So können Sie - vorsichtig - weiterfahren. Achtung: Sie haben am Hinterrad nun keinen Freilauf mehr!

Schaltseil lösen
Stellen Sie das Bike auf den Kopf. Schalten Sie auf das größte Kettenblatt vorn und das kleinste Ritzel hinten. Drehen Sie die Zugstellschraube am Schalthebel in die Mitte ihres Regelbereichs. Lösen Sie dann die Klemmschraube des Schaltzugs am Schaltwerk.

Äußeren Anschlag justieren
Das Schaltwerk ist nun völlig entspannt. Das obere Schaltröllchen muss jetzt exakt mittig unter dem kleinsten Ritzel stehen. Richten Sie diese Grundstellung durch behutsames Drehen der äußeren Anschlag-Schraube »H« (High) ein.

Schaltzug neu klemmen

Achten Sie darauf, dass alle Zughüllen am Rahmen richtig sitzen. Ziehen Sie den Schaltzug handfest straff und klemmen Sie den Zug neu. Achtung: Er muss an der Klemmschraube exakt in seiner Nut verlaufen, sonst funktioniert das Schalten nicht korrekt.

Inneren Anschlag einstellen

Schalten Sie dazu auf das größte Ritzel (bei kleinstem Blatt). Auch hier muss das obere Schaltröllchen nun exakt unter dem Ritzel stehen, sonst fällt die Kette nach innen. Justieren Sie diese Stellung durch Drehen der »L« (Low)-Schraube.

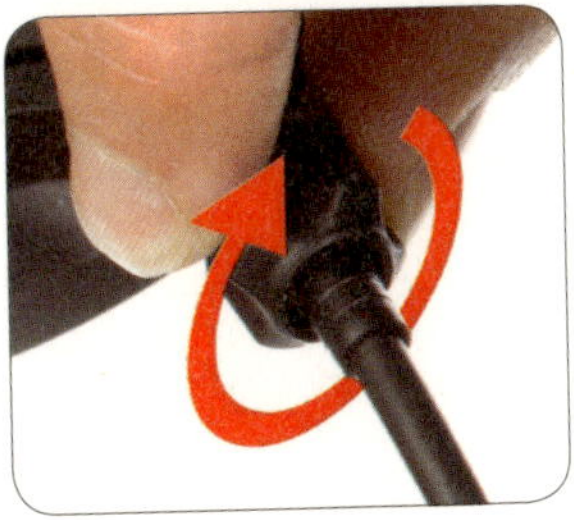

Schalten Sie die Gänge einzeln durch. Achten Sie auf rasselfreie, knackige Gangwechsel. Regeln Sie zur Feinabstimmung an der Zugstellschraube des Schaltgriffs in Viertelumdrehungen bis zur Perfektion nach. Ein Dreh im Uhrzeigersinn lockert den Zug, das Schaltwerk rückt leicht nach außen.

Shimano-Kette mit Nietstift reparieren
Setzen Sie den Nieter vor und hinter der Schadstelle an und drücken Sie je einen Nietstift nach innen vollständig aus der Kette. Sie müssen immer eine Außen- und Innenlasche gemeinsam entfernen. Eine Kettenschaltung funktioniert auch mit einigen Gliedern weniger, das Schaltwerk gleicht die Differenz aus.

Kettenrasseln als Indikator

Die Kette einer Kettenschaltung muss geräuschlos laufen. Rasselt sie, sollten Sie zunächst die Zuglänge an der Stellschraube des Schaltgriffs nachjustieren. Drehen Sie hier immer nur in Viertel Umdrehungen und horchen Sie, ob das Rasseln verschwindet. Eine Drehung gegen den Uhrzeigersinn spannt Zug und Hülle. Damit kompensieren Sie auch die allmähliche Zuglängung durch Alterung und Verschleiß. Schaltwerk und Umwerfer werden von einer inneren Feder nach außen bzw. innen gezogen. Der Schaltzug stellt dazu jeweils das Gegengewicht her.

Außen- und Innenlasche

Entfernen Sie beschädigte Gliederpaare komplett. Die Kette muss zur Reparatur auf je einer Innen- und einer Außenlasche enden. Schieben Sie diese beiden Enden ineinander.

Nietstift eindrücken

Führen Sie den passenden Nietstift mit der spitzen Seite von außen in die Bohrung. Setzen Sie den komplett geöffneten Nietdrücker an und pressen Sie den Stift, ohne zu verkanten, an seinen Platz. Er rastet in seiner Endposition fühlbar ein.

Nietstift abbrechen

Prüfen Sie, ob die Nietstelle frei beweglich ist und dass beide Außenlaschen völlig parallel zueinander stehen. Brechen Sie dann mit dem Tool oder einer Zange den überstehenden Nietstift an seiner Sollbruchstelle ab.

Problemlöser Kettenschloss
Es gibt passende Kettenschlösser für alle (unterschiedlich breiten) Ketten, von 8- bis 12-fach. Teilweise kann man diese Schlösser mehrfach verwenden. Angesichts des geringen Preises und der Gefahr einer Beschädigung des Rastmechanismus raten wir jedoch von einer Wiederverwendung ab. SRAM-, Wippermann- oder KMC-Schlösser passen problemlos auch in Shimano-Ketten entsprechender Breite.

Reparatur mit Kettenschloss: Defekte Stelle ausnieten
Wenn Sie Ihre Kette per Kettenschloss zusammenfügen, muss die Kette mit zwei Innenlaschen enden. Das Schloss bildet die verbindende Außenlasche. Tipp: Die Drahtklammer des Tools hält die losen Kettenenden zusammen.

Schloss verriegeln
Ziehen Sie beide Kettenenden auseinander und kurbeln Sie die Fügestelle ins obere Kettentrum zwischen Kurbel und Hinterrad. Treten Sie bei gezogener Hinterrad-Bremse einmal kräftig ins Pedal - das Schloss rastet sicher ein.

Schloss einsetzen
Halten Sie beide Enden nebeneinander und setzen Sie die Stifte jeder Schlosshälfte in die Innenlaschen. Fügen Sie dann beide Hälften ineinander und achten Sie darauf, dass die Nut beider Nietstifte sauber in der Laschenpassung sitzt.

Schaltzug abgerissen
Lösen Sie die Zugverschluss-Schraube am Schalthebel mit einer Vierteldrehung. Sie liegt am Gehäuse direkt neben den Tasthebeln. Schalten Sie aufs kleinste Ritzel. Schieben Sie nun den Zugrest ganz aus dem Schalthebel. Stecken Sie das Ende mit dem Nippel gegen die Fahrtrichtung ins Schaltwerk, sodass der Nippel den Zug im Zugeinlass des Schaltwerks verankert. Verschieben Sie von Hand das Schaltwerks-Parallelogram und verschrauben Sie das lose Ende des Schaltzugs so, dass die Kette auf einem passenden Ritzel zu liegen kommt. Kappen Sie dann den überstehenden Rest. Auf diese Weise können Sie durch Umschrauben beliebig oft den eingestellten Gang wechseln. Dasselbe funktioniert sinngemäß auch am Umwerfer.

Schaltzug festschrauben
Ist der Schaltzug gerissen, können Sie ihn unter einer erreichbaren Schraube in einem Rahmengewinde (Flaschenhalter, etc.) so fixieren, dass das Schaltwerk einen fahrbaren Gang einhält.

Lüsterklemme verwenden
Mit einer abisolierten Lüsterklemme lassen sich die Enden eines gerissenen Bowdenzugs flicken. Stellen Sie die fehlende Länge am Schaltzug-Überstand an der Klemmschraube des Schaltwerks nach.

Anschlagschrauben nutzen
Reißt das Schaltseil an ungünstiger Stelle, können Sie, ganz ohne Schaltzug, auch die »H«- und »L«-Schrauben an Schaltwerk oder Umwerfer nutzen, um die Kette auf - immerhin - einen passenden von zwei möglichen Gängen fix einzustellen.

Lose Kurbel/Zentralschraube
Hat sich die Kurbel auf ihrer Achswelle gelockert, ziehen Sie die zentrale Befestigungsschraube im Kurbelauge mit einem 8- oder 10-mm-Inbus wieder fest. Achtung: Mit dem kurzen Hebel eines Minitools lässt sich das erforderliche Drehmoment nicht erreichen: Ziehen Sie deshalb diese Schraube zuhause mit einem Drehmoment-Schlüssel nochmals korrekt nach.

Lose Kurbel/Shimano Hollowtech II
Lösen Sie zunächst in abwechselnden Einzelumdrehungen die beiden gegenüberliegenden 5-mm-Inbusschrauben der linken Kurbel.

Kurbel festziehen
Ziehen Sie mit mehreren Tools die Sternschraube handfest, die die Kurbel am Achsanschlag fixiert. Schließen Sie dann die Klemmschrauben.

Kettenblatt locker
Durch gelockerte Halteschrauben am Blatt kann die Kette abfallen. Prüfen Sie alle Schrauben, ziehen Sie sie über Kreuz nach. Gewindehülsen halten Sie auf der Innenseite mit dem Finger gegen. Manche Hersteller verwenden hier auch Torxschrauben.

Zähne gestaucht
Sind Zähne des Kettenblatts durch Aufsetzer gestaucht, haken sie an der Kette. Biegen Sie eine defekte Zahnspitze mit einer Zange gerade oder brechen Sie sie notfalls ab. Nur dann läuft die Kette wieder sicher über das Kettenblatt.

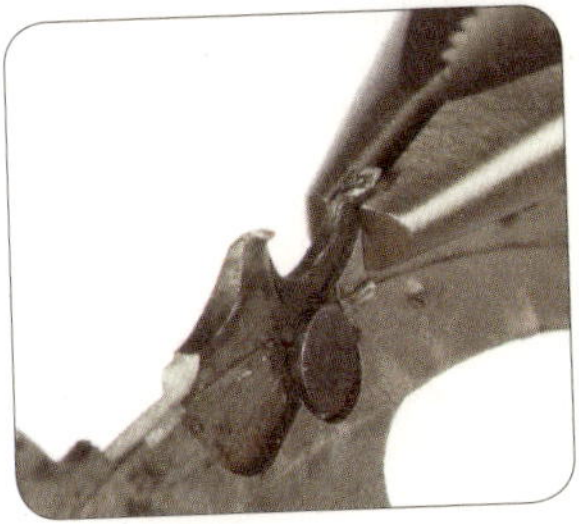

Pedalgewinde ausgedreht
Fahren mit lockeren Pedalgewinden ruiniert das Gewinde der Kurbel. Legen Sie ein, zwei Lagen dünnes PVC-Klebeband um das Pedalachsgewinde und drehen Sie es erneut in das beschädigte Gewinde. Oft kann man so noch behutsam weiterkurbeln.

uvex
CAMELBAK
Roeckl

SCHWALBE

Reifen von Hand demontieren
Drücken Sie die Reifenwulste beider Seiten komplett in die vertiefte Mitte des Felgenbetts. Walken Sie den losen Reifen rundum und beidseitig nach oben. Dort lässt sich eine Reifenseite schließlich leicht von Hand über das Felgenhorn heben.

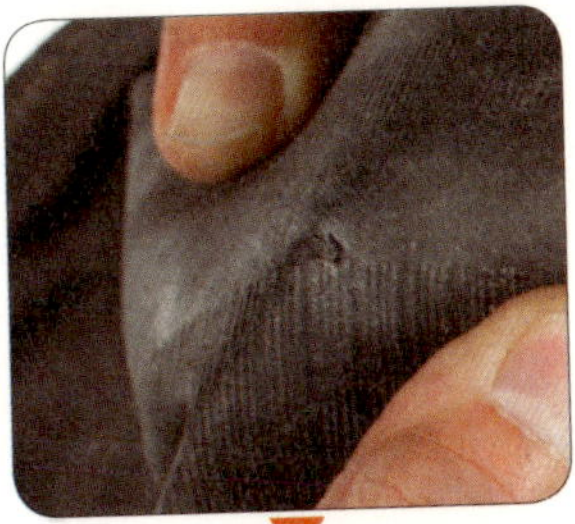

Alternativ können Sie Reifenheber verwenden. Benutzen Sie Kunststoffheber, um die Felgenkante nicht zu zerkratzen. Lösen Sie die Ventil-Rändelmutter und nehmen Sie den defekten Schlauch heraus. Prüfen Sie vorsichtig von Hand die Innenfläche des Reifens, ob der Verursacher noch im Reifen steckt. Legen Sie den Ersatzschlauch leicht angepumpt ins Felgenbett, beginnend am Ventil. Der Schlauch muss spannungslos und formschlüssig im geöffneten Reifen zu liegen kommen. Drücken Sie dann die Reifenflanke beidseitig nach und nach wieder über das Felgenhorn. Nutzen Sie für die letzten Zentimeter die Heber. Der Schlauch darf nicht eingeklemmt werden! Pumpen Sie ihn wieder auf Betriebsdruck auf.

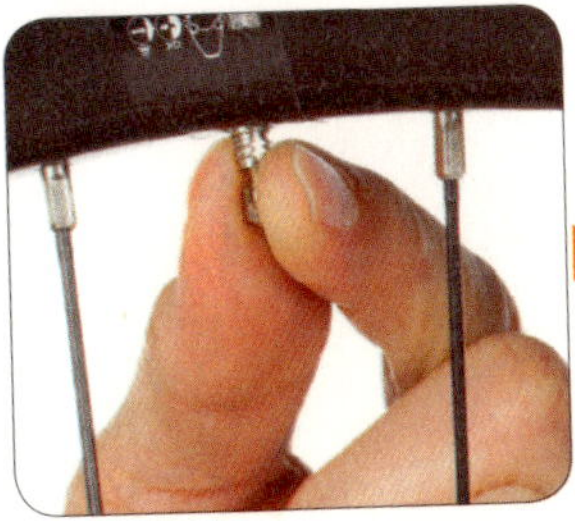

Loch finden

Zum Flicken müssen Sie die undichte Stelle lokalisieren. Pumpen Sie den Schlauch leicht an und drehen Sie ihn an der Wange vorbei. Am Loch kann man den Lufthauch fühlen oder hören. Benetzen mit Wasser aus der Trinkflasche hilft auch.

Vulkanisierkleber auftragen

Rauen Sie die Fläche ums Loch mit dem Schleifpapier im Flick-Set auf, mindestens in der Größe des Flickens. Streichen Sie Vulkanisierflüssigkeit auf die aufgeraute Stelle und lassen Sie den Kleber mindestens 5 Minuten antrocknen.

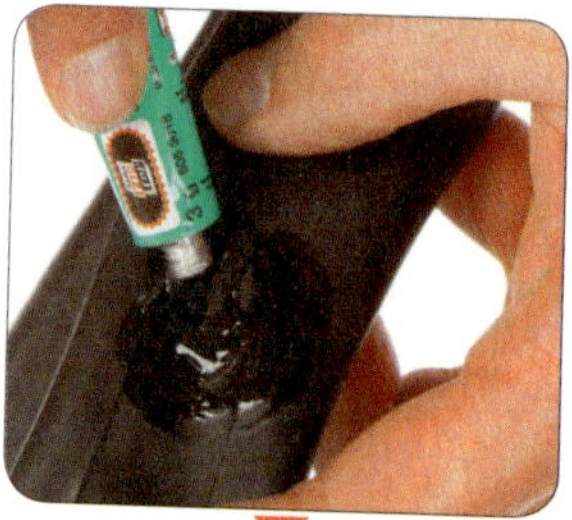

Flicken aufbringen

Ziehen Sie die Alufolie von einem passenden Flicken und legen Sie ihn mittig über das Loch. Pressen Sie ihn ringsum gut fest. Legen Sie dazu die Flickstelle auf einen glatten Untergrund wie das Rahmenrohr und benutzen Sie den Reifenheber.

Schlauch verknoten

Stehen weder Flickzeug noch Ersatzschlauch bereit, kann man den Schlauch am Loch zerschneiden und beide Enden sehr fest verknoten.

Schlauch abbinden

Auch mit Kabelbindern kann man einen lecken Schlauch notfalls wieder fahrbar machen. Falten Sie die geschnittenen Enden vorher mehrfach.

Ventileinsatz festdrehen

An Sclaverand-Ventilen kann sich der Einsatz lockern. Drehen Sie den Ventileinsatz an seiner abgeflachten Stelle mit einer Zange wieder fest.

Schräges Ventil

Ein schräg stehendes Ventil kann beim Bremsen abreissen. Deshalb: Luft raus, Schlauch und Ventil neu ausrichten, wieder aufpumpen.

Reifenriss nähen

Einen größeren Riss im Reifen kann man mit Zwirn und Nadel vernähen. So quillt der Schlauch nicht mehr heraus.

Reifenriss unterlegen

Mit zähem Material wie Riegelpapier, einem Stück Plastik-Trinkflasche oder einem Geldschein lässt sich ein Reifenriss notfalls unterlegen.

Kabelbinder verwenden

Bei Disc-Laufrädern können Sie den geplatzten Reifen auch mit mehreren Kabelbindern um Felge und Reifen notdürftig zusammenhalten. Stimmen Sie den Zug der Kabelbinder dabei mit Gefühl auf den Reifendruck ab.

TL-Reifen von der Felge drücken
Tubeless-Reifen sitzen extrem fest auf dem erhöhten Rand des Felgenbetts. Vor einer Demontage müssen Sie beide Reifenwulste von Hand zur tieferen Mitte des Felgenbetts drücken. Erst dann lässt sich der Reifen, meist nur mit Hebern, abnehmen.

Ventil ausschrauben
Um einen Schlauch einzulegen, muss zuvor das Tubeless-Ventil raus. Es ist aus Dichtheitsgründen mit einer Rändelschraube und einem O-Ring oft sehr fest mit der Felge verschraubt. Lösen Sie diese Schraube mit einer Zange.

Schlauch einlegen
Öffnen Sie den platten Tubeless-Reifen nur einseitig. Lassen Sie die Dichtmilch unten zusammenlaufen. Pumpen Sie einen Ersatzschlauch an, legen Sie ihn ein, schließen Sie den Reifen. Der Reifen benötigt für festen Sitz erstmalig kräftigen Überdruck.

Achse überprüfen

Schleift ein Laufrad, prüfen Sie zunächst die Achse auf festen Sitz, korrekte Platzierung und unbeschädigte Ausfallenden. Öffnen Sie die Radachse und richten Sie das Laufrad aus. Schließen Sie die Achse korrekt. Oft rotiert das Rad dann bereits perfekt.

Schnellspanner richtig schließen

Ein Schnellspannhebel muss ab dem letzten Drittel seines Hebelwegs so viel Kraft aufnehmen, dass er nur mit hoher Handkraft bis zum inneren Anschlag an Rahmen oder Gabel gedrückt werden kann. Das Hebelende darf nie in die Bremsscheibe ragen! Eine zu lockere Spannachse kann sich lösen, das Laufrad gerät seitlich ins Schlagen oder Pendeln.
Achten Sie auch bei Steckachsen stets auf festen Sitz der Achswelle und korrekte Stellung des Verschlusshebels.

Felgenschlag auszentrieren
Einen Felgenschlag lokalisieren Sie genau, indem Sie einen Kabelbinder am Rahmen fixieren und das Laufrad langsam vorbeidrehen.

Zentrieren
Beult die Felge zu einer Seite aus, müssen Sie die Spannung derjenigen Speichen in diesem Bereich erhöhen, die zur gegenüberliegenden Nabenseite ziehen. Erhöhen Sie deren Spannung in mehreren Durchgängen im Zentrum des Schlagbereichs durch je eine halbe Umdrehungen und entsprechend weniger, wo er ausläuft. Lassen Sie die Speichenspannung auf der Seite des Schlags unberührt. Man erhöht grundsätzlich die Spannung im Rad. Aus statischen Gründen sollte man man Speichen nie lockern.

Disc-Belag austauschen
Um Disc-Beläge zu tauschen, entfernen Sie zunächst die Belagsicherung. Oft ist die Sicherungsschraube nochmals mit einem Splint oder einer Feder gesichert. Einige Beläge werden nur durch Magnetkraft am Kolben gehalten.

Kolben zurückstellen
Lassen Sie die Altbeläge noch in der Bremszange und drücken Sie damit die Kolben in ihre Null-Stellung zurück. Benutzen Sie einen möglichst breiten, fettfreien Hebel als Werkzeug. Vorsicht: Die Kolben selbst sind teils bruchempfindlich (Keramik)!

Beläge entnehmen
Ziehen Sie beide Altbeläge mitsamt Feder aus ihrer Passung in der Bremszange. Achtung: Bei manchen Herstellern müssen die Beläge zur Achse hin entnommen werden. Achten Sie bei asymmetrischen Belägen genau auf deren Einbauposition!

Rückstellfeder einlegen

Das Beläge-Paar wird durch die Rückstellfeder zwischen den Kolben zentriert. Legen Sie diese Feder sorgfältig und lagerichtig zwischen die Beläge und schieben Sie alles zusammen in einem Paket in die Bremszange.

Vorn gegen hinten tauschen
Sind die vorderen Disc-Beläge bereits restlos abgebremst, können Sie behelfsmäßig die Beläge der Hinterrad-Bremse nach vorn tauschen.

Beläge einbauen

Bugsieren Sie die neuen, aber dickeren Beläge zwischen die zurückgestellten Kolben. Reicht der Platz noch nicht aus, drücken Sie die Kolben nochmals auseinander. Achten Sie darauf, dass die Oberfläche der Bremsbeläge absolut fettfrei bleibt! Bringen Sie die Sicherungsschraube oder -splint wieder an. Achten Sie auf korrekten Sitz und Beweglichkeit der neu eingelegten Beläge. Bauen Sie Ihr Laufrad wieder ein und ziehen Sie einige Male kräftig am Bremshebel. Prüfen Sie die Bremse vor der Weiterfahrt auf Funktion. Bremsen Sie die Beläge korrekt ein.

Bremszange ausrichten
Lockern Sie beide Halteschrauben, die die Bremszange oder ihren Adapter direkt am Rahmen fixieren, etwa eine halbe bis ganze Umdrehung. Die Bremszange soll sich gerade so frei von Hand bewegen lassen.

Lose Zange beweglich machen
Drücken Sie den gelockerten Bremssattel gegen die Bremsscheibe mit etwas Kraft hin und her, um die Beläge und Kolben ein wenig zurückzustellen. Damit schaffen Sie Platz, um den Sattel neu zu positionieren.

Richtig einbremsen
Beschleunigen Sie auf sicherer Strecke bis etwa 30 km/h. Bremsen Sie bis kurz vor dem Stillstand stark ab. Wiederholen Sie dies mindestens dreimal. Erst dann sind Belag und Disc aufeinander eingebremst.

Zange ausrichten und fixieren

Ziehen Sie nun mehrmals den Bremshebel ganz durch: Die Beläge legen sich an die Disc und richten damit auch den Sattel parallel zur Scheibe aus. Ziehen Sie die Halteschrauben handfest und prüfen Sie bei geöffneter Bremse und bei erneutem Ziehen des Hebels, ob die Bremse schleiffrei arbeitet.

Tut sie das noch nicht, peilen Sie durch die Beläge entlang der Disc. Richten Sie den Bremssattel nach Augenmaß bei nur sanft handfest gezogenen Halteschrauben von Hand gleichmäßig aus. Ziehen Sie dann beide Schrauben abwechselnd mit Kraft endgültig fest. Prüfen Sie nochmals Funktion und Schleiffreiheit.

Hebelweite nachstellen

Lässt sich der Bremshebel bis zum Lenker durchziehen, ist das ein Indiz für abgefahrene Beläge! Sie nutzen die Bremskraft nicht optimal. Stellen Sie die Griffweite so nach, dass Sie den Hebelweg bis zu seinem Ende voll ausnutzen können.

Fremdkörper im Belag
Steinchen können zwischen Belag und Scheibe geraten und sich dort tief in den Belag einfressen. Das erzeugt beim Bremsen laute Geräusche. Bauen Sie in diesem Fall die Beläge aus und kratzen Sie die Oberfläche sauber.

Disc verbogen
Lokalisieren Sie die verbogene Stelle an der Bremszange. Stellen Sie den Schlag genau vor die Beläge und blockieren Sie die Disc dort durch Ziehen der Bremse. Drücken Sie mit dem Tool als Hebel gegen den Schlag und biegen Sie die Disc so wieder gerade.

Verglaster Belag
Bremst man neue Beläge nicht korrekt ein oder bremst schleifend, verglast die Belagoberfläche - die Bremswirkung sinkt dramatisch. Bauen Sie solche Beläge aus, rauen Sie sie mit dem Schleifpapier Ihres Flicksets oder auf Asphalt leicht auf.

Bremse greift nicht mehr

Auf sehr langen Abfahrten wird die Bremse heiß, die Bremsflüssigkeit kocht, es bilden sich Luftblasen in der Leitung. Das nennt man Fading: Der Effekt kann bis zum plötzlichen Totalausfall der Bremse führen, der Bremshebel lässt sich leer durchziehen. Das betrifft vor allem die stark belastete Vorderbremse. Stoppen Sie mit der hinteren Bremse. Dann heißt es: Abwarten und Bier trinken. Nach dem Abkühlen funktioniert die Bremse wieder wie zuvor. Achtung: Eine heiße Disc nie mit Wasser kühlen! Dabei kann sich die Scheibe irreparabel verziehen. Alkoholfreies Weißbier dagegen liefert Vitamine, Mineralstoffe und ist isoton.

CUBE

Achtung!

Untersuchen Sie nach jedem Sturz oder Aufprall insbesondere die Gabel und das gesamte Cockpit auf Dellen, Verformungen oder Risse. Fahren Sie damit auf gar keinen Fall weiter! Es besteht höchste Bruchgefahr und damit auch akute Gefahr für Gesundheit und Leben.

Luftlose Federgabel fixieren
Wickeln Sie einen Gepäckriemen oder Gürtel um Gabelkrone und -brücke. Dies verändert stark das Lenkverhalten. Doch die beiden Teile der Federgabel können sich so nicht mehr gegeneinander bewegen. Fahren Sie extrem vorsichtig!

Schlauchschellen
Hat die Federgabel oder der Hinterbau-Dämpfer viel an Luftdruck verloren (z. B. defekte Dichtung), sinkt das Bike stark ab, die Federelemente schlagen durch.
Legen Sie ein Stück Fahrradschlauch oder ähnliches um beide Standrohre oder Dämpfer-Kolben und schrauben Sie handelsübliche Schlauchschellen (Baumarkt) fest um die Stelle. So können Gabel oder Dämpfer nicht weiter einsinken. Lasten Sie bei der vorsichtigen Weiterfahrt nicht mehr mit vollem Gewicht auf dem Fahrwerk, entlasten Sie in Knien und Ellenbogen.
Diese Notreparatur eignet sich auch für eine defekte Vario-Sattelstütze.

Gabel neu einstellen
So stellen Sie die Federgabel neu ein: Lassen Sie alle Luft am Ventil ab. Schieben Sie den Gummiring (oder Kabelbinder) auf dem Standrohr ganz nach unten. Schrauben Sie die Dämpferpumpe ans Ventil und beginnen Sie zu pumpen.

Sag: 1/3 bis 1/4 Federweg
Trennen Sie die Pumpe vom Schlauchventil. Setzen Sie sich mit vollem Körpergewicht im Stand aufs Bike. Stellen Sie den Druck so ein, dass die Gabel zwischen 1/3 (weich) und 1/4 (straff) Federweg allein durch Ihr Körpergewicht wegschluckt.

Dämpfung justieren
Komprimieren Sie dann im Stand die Gabel mit ganzem Körpergewicht und lassen Sie schlagartig los: Das Vorderrad soll nicht vom Boden springen. Die Ausfedergeschwindigkeit regeln Sie mit dem (hier) roten Knopf an der Gabelunterseite Klick für Klick.

Dämpfer neu einstellen

Gehen Sie vor wie bei der Gabel: Luft völlig ablassen, Gummiring runterstellen, neu aufpumpen. Durch behutsames Aufsitzen ermitteln Sie den gewünschten Sag (1/3 weich, 1/4 straff). Der Gummiring soll durch Einfedern nie ganz abgestreift werden.

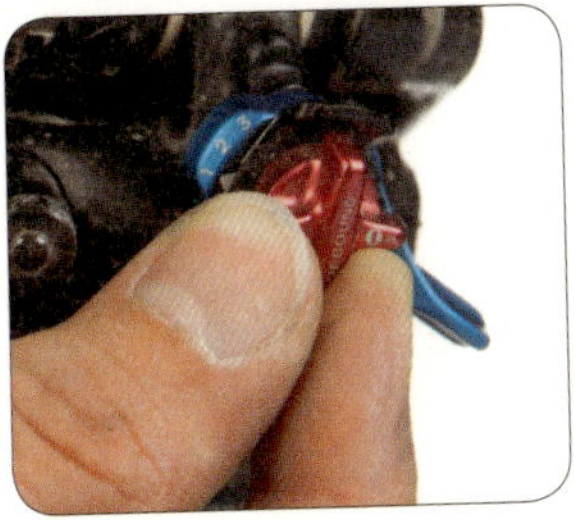

Dämpfung justieren

Auch hier regelt der rote Knopf die Ausfeder-Geschwindigkeit. Meist ist »ganz offen« die beste, weil effektivste Stellung. »Ganz zu« blockiert schließlich den Dämpfer.

Lock Out/Plattform

Einige Dämpfer erlauben es, die Auslöse-Empfindlichkeit zu regeln. Diese Hebel sind meist blau. Zwischen »offen« und »zu« (Lockout) regeln Sie nach Bedarf. Achtung: Oft vergisst man, den bergauf blockierten Dämpfer zur Abfahrt wieder zu öffnen!

Steuerlager locker

Schlägt oder ruckelt die Gabel bei Lastwechseln, kann das an einem lockeren Steuerlager liegen. Lösen Sie beide Klemmschrauben des Vorbaus am Gabelschaft, sodass der Vorbau leicht drehbar wird.

Lagerspiel einstellen

Erhöhen Sie dann die Spannung der senkrechten Schraube im Vorbaudeckel soweit, dass das Spiel der Lagerringe im Steuerrohr wieder enger wird. Drehen Sie diese Schraube immer mit Gefühl - sie zieht die Gabel gegen den Vorbaudeckel und somit in die Kugellager des Steuersatzes.

Spiel prüfen

Stellen Sie sich neben Ihr Bike und schieben Sie es bei gezogener Vorderbremse abwechselnd vor- und rückwärts. Die Finger, die am unteren Lagerspalt liegen, sollen kein Spiel mehr am Spalt spüren können.

Vorbau festziehen
Ist das Lager spielfrei eingestellt, schließen Sie die Klemmschrauben am Vorbau wieder. Ziehen Sie beide Schrauben abwechselnd und mit Gefühl fest. Hier gelten Drehmoment-Limits, zu starkes Anzugsmoment schadet!

Lenker frei drehbar?
Prüfen Sie, ob sich der Lenker von ganz links bis ganz rechts frei und geschmeidig drehen lässt. Bei zu straff eingestelltem Lagerspiel spüren Sie, dass es ruckelt.

Verdreh-Check
Zum Schluss und vor einer Weiterfahrt gilt: Prüfen Sie den Lenker auf Verdrehfestigkeit! Klemmen Sie das Vorderrad zwischen die Knie und drehen Sie am Lenker kraftvoll dagegen. Der Vorbau darf sich nicht verdrehen.

Lenker nach Sturz verdreht
Beim Aufprall nach einem Sturz verdreht sich oft der Vorbau mitsamt Lenker auf dem Gabelschaft. Checken Sie zunächst alle Teile auf ihre Unversehrtheit. Lösen Sie die beiden Klemmschrauben am Vorbauschaft einige Umdrehungen. Richten Sie den Lenker wieder exakt senkrecht zur Fahrtrichtung aus. Ziehen Sie dann beide Schrauben in kleinen Schritten abwechselnd und mit Gefühl wieder fest. Denken Sie daran, dass hier aus Sicherheitsgründen enge Drehmoment-Limits gelten, die von Ungeübten schwer einzuschätzen sind.

Dann: Verdreh-Check
Klemmen Sie das Vorderrad zwischen die Knie und drehen Sie den Lenker mit Kraft dagegen. Ist die Klemmung ausreichend fest, darf sich der Lenker dabei nicht verdrehen lassen.

Sattel verdreht
Öffnen Sie die Schraube der Stützenklemmung einige Umdrehungen, bis Sie Sattel und Stütze im Sitzrohr leicht drehen können. Richten Sie den Sattel in Fahrtrichtung aus und ziehen Sie die Klemmschraube schrittweise wieder fest (Drehmoment-Limit).

Klemmung prüfen
Versuchen Sie anschließend mit Kraft, den Sattel seitlich zu verdrehen. Die Klemmung muss so fest geschlossen sein, dass sich die Stütze – auch ruckartig – nicht verdrehen lässt. Doch Vorsicht: nach fest kommt ab! Bricht die Schraube oder Schelle der Sattelstützen-Klemmung, gibt es unterwegs keinerlei Möglichkeit, die Stütze wieder zu fixieren. Sie müssen dann im Stehen weiterfahren.

CRUCIAL

Schuhverschluss defekt

Ersetzen Sie einen gerissenen Schnürsenkel oder defekten Verschluss mit einzelnen Kabelbindern um den gesamten Schuh. Ziehen Sie die Binder behutsam fest, denn Druckstellen am Fuß bemerkt man oft erst nach längerer Zeit.

Reißverschluss geplatzt

Platzt ein geschlossener Reißverschluss in der Mitte auf, liegt das meist am verschlissenen Zipper. Er fügt die Schlingen nicht mehr stabil genug zusammen. Schließen Sie die offene Stelle durch gefühlvolles Hin- und Herschieben des Zippers über die Schadstelle. Öffnen Sie dann den Reißverschluss ganz. Drücken Sie am Zipper beide inneren und äußeren Ecken seiner unteren Führung in Richtung zur Mittelachse etwas zusammen. Nun übt er beim Bewegen höheren Druck auf beide Stränge des Reißverschlusses aus, die Schlingen verzahnen sich wieder fest.

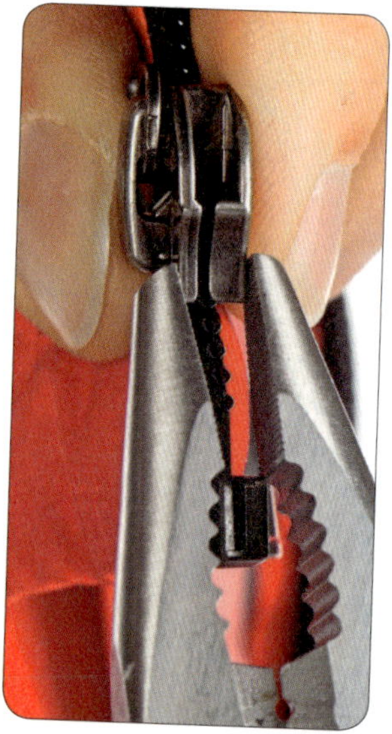

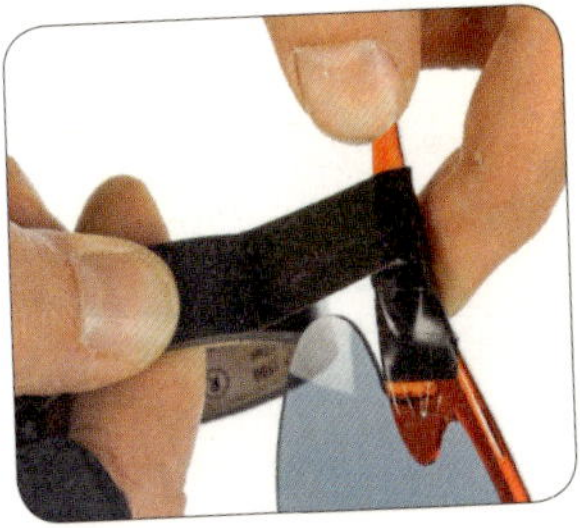

Brillenbügel gebrochen
Einen Bruch am Brillenbügel können Sie mit einigen Lagen flexiblen PVC-Klebebands reparieren.

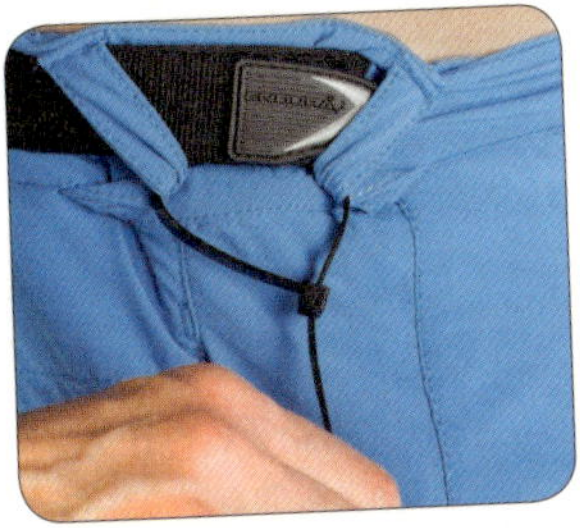

Hosenbund straffen
Moderne Stoffe dehnen sich bei Gebrauch teils stark: Rutscht unterwegs plötzlich die Hose, bleibt man oft an der Sattelnase damit hängen. Mit Kabelbindern können Sie den Hüftbund stärker straffen.

Rucksackschnalle defekt
Die Verstellschnallen an Rucksackgurten brechen gern an ihrer schwächsten Stelle, dem Quersteg. Schieben Sie die defekte Schnalle auf dem Gurt zur Seite und ersetzen Sie die Verbindung durch ein oder zwei Kabelbinder.

Schmerzen lindern
Schmerzen können eine Tour zur »Tortour« machen und die Weiterfahrt zur Qual oder gar unmöglich. Mit ein paar gezielten Nachjustierungen können Sie selbst mitten auf dem Trail schnell wieder erträgliche Bedingungen herstellen.

Knieschmerz
Das Knie meutert, wenn ihm zu hohe Last aufgebürdet wird. Stellen Sie den Sattel einen Zentimeter höher und fahren Sie immer einen Gang leichter als üblich. Das streckt das Bein, erhöht die Trittfrequenz und verringert die Last pro Umdrehung.

Nacken-/Schulterschmerz
Diese Art Schmerz resultiert oft aus einer zu gestreckten Sitzposition. Stellen Sie hier die Sattelstütze etwa einen Zentimeter tiefer, um eine insgesamt etwas aufrechtere Sitzhaltung zu erreichen.

Griffposition variieren

Schmerzen in Hand, Handgelenken oder Unterarm lassen oft nach, wenn man Lenker oder Griffe nur wenige Millimeter axial verdreht. Ideal liegt die Hand in direkter Verlängerung des Unterarms, bei nur leichtem Knick des Handgelenks.

Druckschmerzen beim Sitzen

Drückt der Sattel, hilft es oft, die Sattelnase ein wenig nach unten zu neigen. Achten Sie jedoch darauf, die Klemmschrauben wieder sorgfältig festzuziehen: An Holperstellen entstehen oftmals Lastspitzen vom Mehrfachen des Eigengewichts!

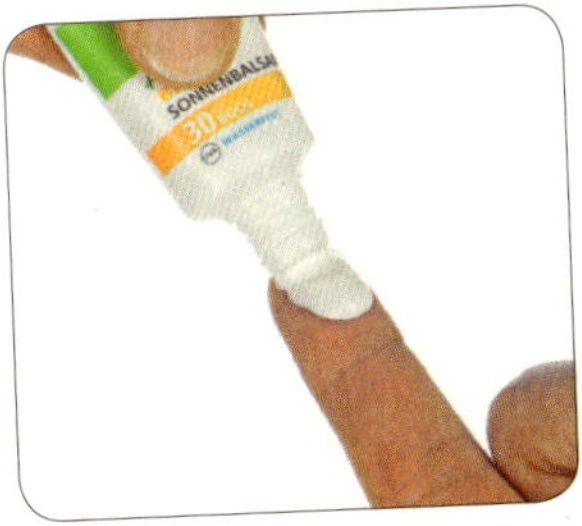

Gereiztes Sitzfleisch

Schmerzt der Po oder scheuert sonstwo die Haut wund, hilft jede Art von Creme oder Fett. Hand- oder Sonnencreme, Vaseline aus dem nächsten Supermarkt oder sogar das Hausmittel Ballistol entlasten, schützen die Haut und reduzieren die Reibung.

Müllsack als Regencape

Große Müllsäcke sind in jedem Supermarkt zu haben. Ein 120-Liter-Sack mit eingeschnittenen Löchern für Kopf und Arme hält bei überraschendem Regen wenigstens Rumpf und Sitzfleisch trocken. Den Sack raffen und gegen Flattern verkleben.

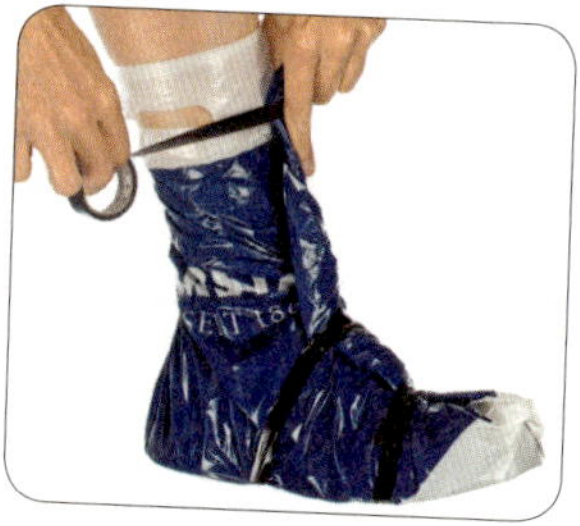

Schuhe dichten

Kommt heftiger Regen auf, kann man gewöhnliche Plastiktüten über die Radschuhe ziehen. Raffen und verkleben Sie die Tüten an der Wade und über dem Fuß von außen, damit es weniger flattert und kein Wasser von oben eindringt.

Hände wärmen

Wenn die Handschuhe durchnässt sind, können Sie die Einweghandschuhe aus dem Reparaturset als Nässe- und Kälteblocker innerhalb des eigentlichen Handschuhs benutzen. Hände vorher gut abtrocknen!

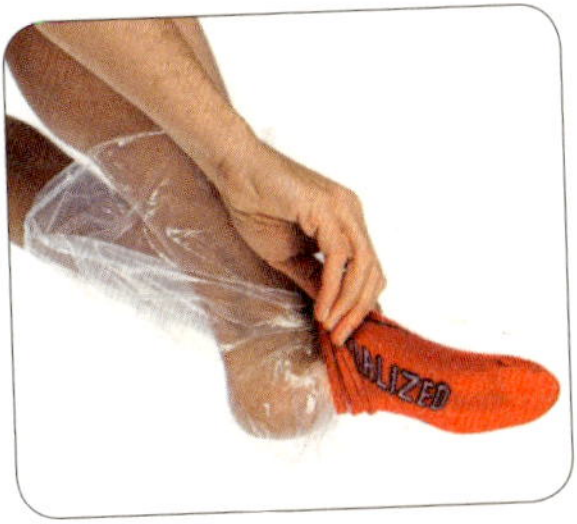

Nasse Schuhe, Socken, Füße

Bei nassen, durchgefrorenen Füßen hilft es, die wieder abgetrockneten Füße in Plastiktüten zu stecken. Ziehen Sie dann die nassen Socken und Schuhe darüber.

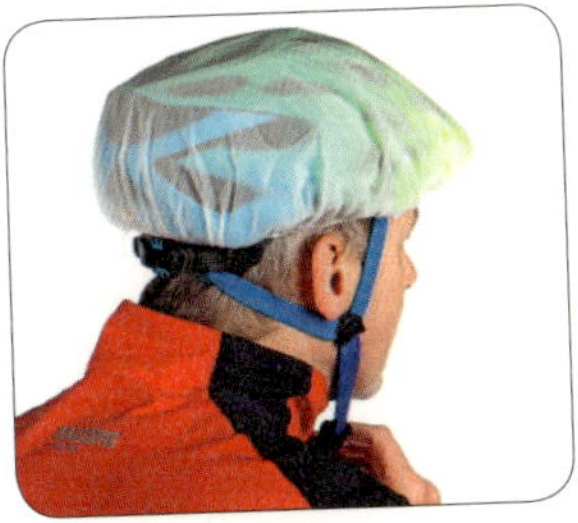

Helm dichten

Bei Dauerregen helfen Duschhauben, die man in vielen Hotels und Drogeriemärkten als Badezubehör erhält. Die dünnen Hauben passen über die meisten Helme und dichten hervorragend gegen Nässe und Fahrtwind.

Gewitter im Freien

Je zeitnaher Donner auf Blitz folgt, desto näher ist das Gewitter (Schallgeschwindigkeit = 333 Meter pro Sekunde). Spätestens unter 3 Sekunden Abstand runter vom Rad und einen geschützten Raum aufsuchen. Ist das nicht möglich, entfernen Sie sich einige Meter von Ihrem Rad und hocken sich mit angelegten Armen und Beinen in eine Mulde oder Kuhle. Nicht stehen oder liegen und niemals unter einzelne Bäume stellen!

Folgende Bücher von Jochen Donner und Daniel Simon sind bislang im Delius Klasing Verlag erschienen:

Jochen Donner:

Bike-Reparatur & Wartung
Die Trekkingbike-Werkstatt
E-Bike - Reparaturen unterwegs
E-MTB: Wartung, Pflege & Reparatur
Mountainbike - Reparaturen unterwegs
Rennrad - Reparaturen unterwegs
Trekkingbike – Reparaturen unterwegs

Daniel Simon:

Bike und Wellness in den Alpen
Bike Guide Zugspitzregion
Die schönsten Almentouren für Mountainbiker
Die schönsten E-Bike-Touren in den Alpen
Die schönsten E-MTB-Touren in den Alpen
Die schönsten Hüttentouren für Mountainbiker
E-Bike - Reparaturen unterwegs
E-MTB: Wartung, Pflege & Reparatur
Mountainbike - Reparaturen unterwegs
Mountainbiken rund um Garmisch-Partenkirchen
Radreisen
Rennrad - Reparaturen unterwegs
Trekkingbike – Reparaturen unterwegs

Hinweis:
Der Inhalt des vorliegenden Buches wurde sorgfältig erarbeitet. Dennoch erfolgen alle Angaben ohne Gewähr. Weder Autoren noch Verlag können für eventuelle Nachteile oder Schäden, die aus den im Buch vorgestellten Informationen resultieren, eine Haftung übernehmen.

Bibliografische Information der Deutschen Nationalbibliothek:
Die Deutsche Nationalbibliothek verzeichnet die Publikation in der Deutschen Nationalbibliografie; d taillierte bibliografische Daten sind im Internet üb http://dnb.dnb.de abrufbar.

1. Auflage
ISBN 978-3-667-11564-5

Lektorat: Stephanie Jaeschke
Konzeption: Jochen Donner, Daniel Simon
Texte: Jochen Donner
Fotos und Layout: Daniel Simon
Umschlaggestaltung: Felix Kempf, www.fx68.de
Lithografie: Mohn Media, Gütersloh
Gesamtherstellung: Coleurs, Köln
Printed in Hungary 2019

Alle in diesem Buch enthaltenen Angaben und Daten wurden von den Autoren nach bestem Wissen erstellt und von ihnen sowie vom Verlag mit der gebotenen Sorgfalt überprüft. Gleichwohl können wir keinerlei Gewähr oder Haftung für die Richtigkeit, Vollständigkeit und Aktualität der bereitgestellten Informationen übernehmen.

Delius Klasing Verlag
Siekerwall 21 / D - 33602 Bielefeld
Tel.: 0521/559-0 / Fax: 0521/559-115
E-Mail: info@delius-klasing.de
www.delius-klasing.de